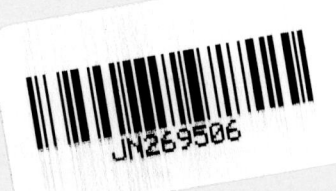

NEVER MIND
THE NEGATIVITY

ネガティブですが、なにか？

Louis Kurihara
栗原類

花やしき

一人で生きる

（題字・本人筆）

孤高の人、栗原類

僕はなによりも一人でいる時が落ち着くし、孤独が好きな人間です。
動物園にも一人で行って、象や鳥たちに語りかけたりしますし、
うさぎと戯れられる「うさぎカフェ」に一人で行くこともあります。
ただ最近は忙しくて、一人で過ごす時間がなかなかとれないのがツライ。
僕はこんな性格ですから、17 年間まったくモテませんし、
これからも恋愛はできないと思っています。
でも、「一人で生きる」と決めているので、それでいいのです……。

2

おばけやしき
開運

コースターのりば

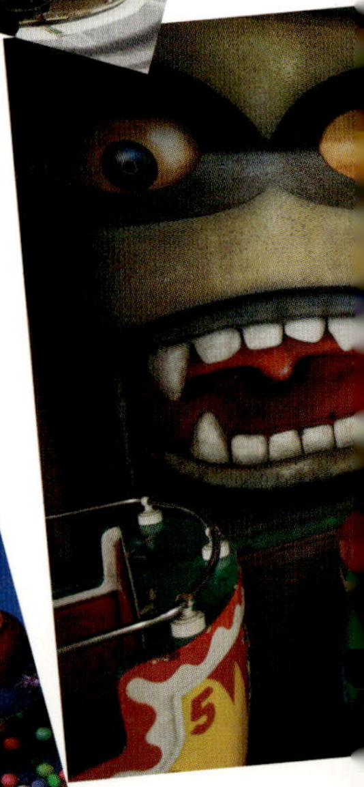

Tシャツ Pretty Green ／パンツ Fred Perry（ヒットユニオン株式会社）

ネガティブですが、なにか？
CONTENTS

Special グラビア
「一人で生きる」……02

栗原類ネガティブ語録……18

類12のトリビア……24

Q&Aインタビュー……26

成長アルバムSNAP……36

Noir 栗原類、黒く塗れ……39

付録
ネガティブシール
しおり de Louis
一人相撲 de Louis

My Favorite
Movie & Music 56

母子対談
「栗原家の教育方針」................. 60

類、Bowieを訪ねる 61

類 Talks with 三木聡 68

Louis's Tshirts Collection 72

栗原類とあそぼう! 79
 Quizクロスワードパズル
 ネガティブ地獄すごろく

あとがき 84

栗原類 ネガティブ語録

一生、モテない
自信があります……

僕の発言はネガティブだと言われますが、
キャラを作っているわけではありません。
ただ冷静で慎重なだけだと思うんです……

> テンションを上げることの
> メリットがわかりません

> あまり感情を表に出すことは
> ないです……
> **僕はボロ人形ですから**

> 自分をカッコいいとか、
> イケメンだと思ったことはありません。
> **なぜなら、僕は
> イケメンではないので**

> **来年には僕なんて、
> 消えていると思います**

> 歓声を浴びるべき人は
> もっとたくさんいるのに、
> **申し訳ないです**

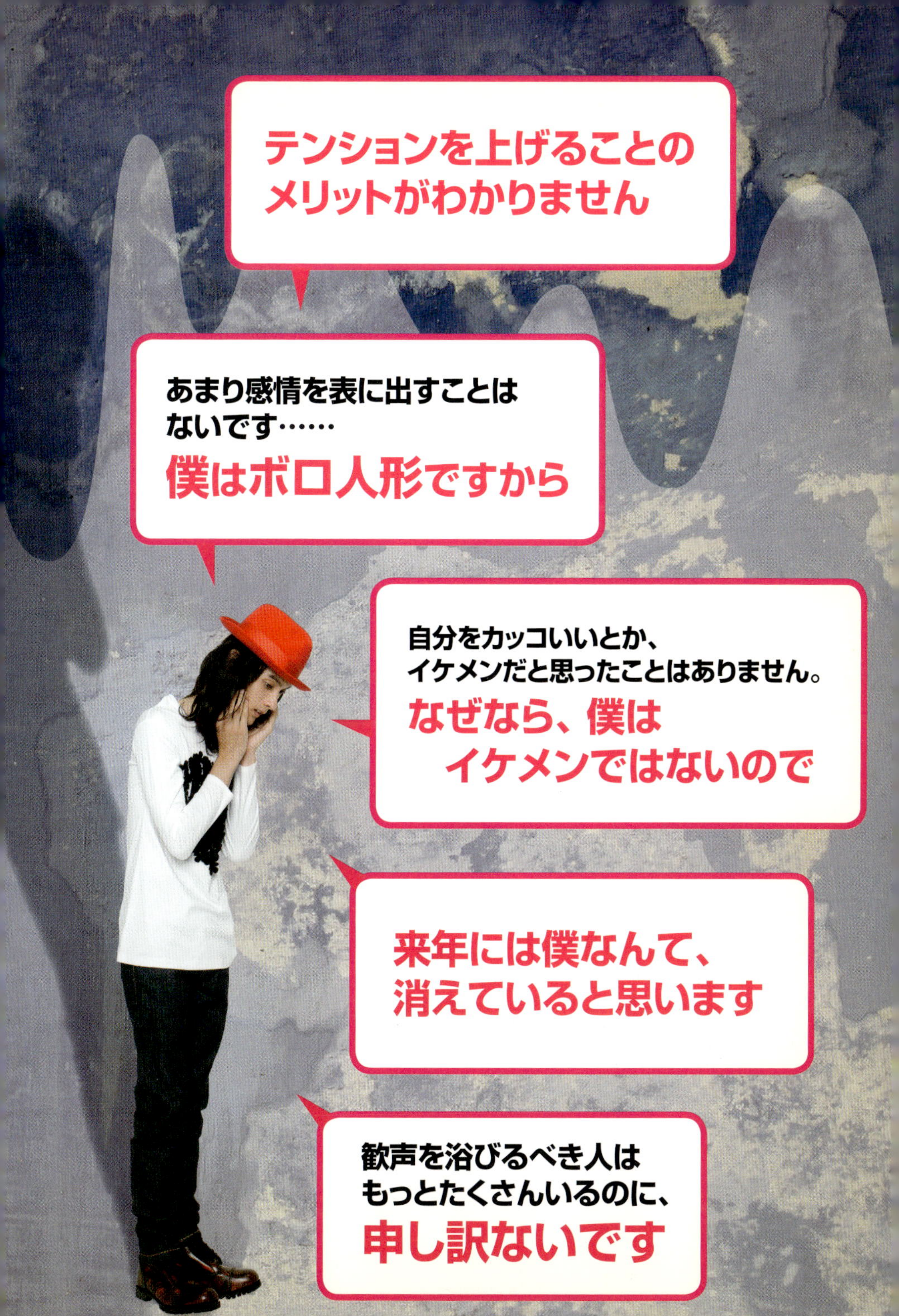

Tシャツ Androgyne (ANDROGYNE.llc) ／ジーンズ Vivienne Westwood (ヴィヴィアンウエストウッド 東京) ／ブーツ DMI Harajuku

寂しい人生を送っています。
でも、そういう寂しさが大好きなんです
（「このアイドルと付き合ったら?」と
司会者にもちかけられて）
……そのときは世界が終わります
僕は一生恋愛ができないと思います。何があっても……
こんな僕を受け入れてくれる人など、絶対いません
休み時間にアリを観察しているような僕が、間違ってもモテるわけがありません

僕とかかわると、ろくなことがないです。断言できます
（ろくなことがない→いや、ある！→ない→ある！の応酬の末）ない×500
いいことがあったら、そのうち悪いことが起こるのが世の常ですし……。浮かれていたらバチがあたると思います
自分は気持ち悪い人間ですし、情けなくて使い物にならない、まるで使い捨てのおもちゃのような人間だと自覚しています
気持ち悪いと言われるのは、僕にとっては褒め言葉の一つです

僕はただのヘタレです。
階段とか20段上がったら
息切れになりますし……

（明石家さんまさんに）
『君は……人が寄ってこないね』
と認められて、嬉しかったです

むしろ、けなしてほしい。
『かっこ悪～い』とか
『変人～』と
叫んでほしい

なんで人間って恋をしなきゃいけないんでしょう?? 別に独りでもいいと思うけど。。。
恋なんて所詮一時的な感情、でそれが終わる時は訪れるものだと思う
（2012.10.4 本人のtwitterより）

学校では隅っこやはじっこによくいて、人のいない地下や屋上に行ったりします

なぜ、日本の男女は肉食系を気に入るのか解らない……。
知らない人にいきなり話しかけられると逃げると思う……。
焦らずに慎重にいくのがいちばんなのに……。
まぁこれだから自分はいつまでも幽霊の様な存在になると思う
(2012.05.31 本人のtwitterより)

家の中はホコリ、猫の毛、ハウスダストがいっぱいあるけど発作が出ない。 代わりに外に出ると発作が起きる……。私の体は私と同じくすべての意味でヘタレ
(2012.04.11 本人のtwitterより)

(座右の銘を聞かれて)
賞味期限切れのチーズ

類12のトリビア

1 「グミ」が好き

TM & © HARIBO

「噛みごたえがあるのがいい」とカバンに常備。家には40袋ほどのストックが。お気に入りは「HARIBOのゴールドベアー」。ちなみに「噛みごたえがないので、かき氷は食べたことがありません」

2 カレーを食べて発熱したことがある

「覚えていないんですが、タイカレーを食べたときに、そんな記憶があるんです。たしか2009年とか……」。

3 嫌いな食べ物は「カリフラワー」

「味がまろやかだから。でも他の野菜は好きです」卵もキライ。チーズの匂いがダメなので、ピザやラザニアも苦手。

4 初めて話した日本語は「えび」と「うどん」

「なぜかはわからないのですが、そうらしいです……」日米を行き来して育ったためバイリンガル。

5 アゴが柔らかい

アゴの先が異常に柔らかく、触った人によれば餅のような感触なんだとか。

僕のことなど知っても メリットないですよ……

6 憎まれ役がやりたい

「役者に興味があります。週刊誌記者などの憎まれ役や露出狂の役をやってみたい」。好きな俳優は、六角精児さんや阿部サダヲさん、クリストファー・ウォーケンなど。

7 孤独を愛する

一人でいるのが好き。一番落ち着くのは一人で散歩しているとき。「人がいそうでいない住宅街を3時間ほどかけて歩き、出発地点に戻ってきます」

8 ロングヘアは唯一の取り柄

「髪の毛が長いメンズモデルは少ないので、伸ばしています」3年以上伸ばしていたが、最近少しだけ切った。家にはドライヤーがないので自然乾燥。

9 コンプレックスは低い声

テレビを通して聴く自分の低い声がイヤ。「でも声優に興味が出てきたので、最近は女性の声や狂ったような人の声を、一人で練習しています」

10 カラオケは人生で3度だけ

「芸能★BANG+」では貴重なカラオケシーンを披露。デヴィッド・ボウイの『Ashes to Ashes』に果敢にトライ、そして撃沈。

11 実はUFOキャッチャーが得意

番組ロケでゲームセンターに初めて行き、UFOキャッチャーに初挑戦。次々と商品をゲットする神業を見せた。

12 楽屋で1人でいるときは活発に歩き回っている

マネジャー氏いわく「僕が出て行って一人になると、突然デスクの周りをぐるぐる歩き始めるので怖いです」。一人になった解放感で元気になるらしい。

Tシャツ・ジーンズ Vivienne Westwood（ヴィヴィアンウエストウッド 東京）／ブーツDMI Harajuku

Q&A
インタヴュー

まずは自己紹介をお願いします。

栗原類と申します。英語表記は**Louis Kurihara**です。**1994年12月6日、イギリス人の父**と**日本人の母**の間に生まれました。**東京で生まれ、小学校までは海外（ニューヨーク）**と日本を行き来したのち、日本に戻ってきました。現在**高校3年生、17歳**です。

ネイティヴ・ランゲージは英語と日本語、どちらですか？

時と場合によります。**感情は英語**のほうが出やすいですね。日本語のときより、さらに**自虐的**で**ひねくれて**しまいます。**汚い言葉**をたくさん使っていますよ。フフフ……。

モデルになったきっかけは？

まだ僕が幼いころから、**母が僕をモデル事務所に登録**していたのです。中学生くらいになってから、**メンズ・ノンノ**さんなどから徐々にお仕事をいただくようになりました。ありがたいことです。もっとセンスよく服を着こなして、**いろいろな世界を表現**していければと思っています。

テレビ番組にひっぱりだこですね。

大物の先輩方が、みなさん優しくしてくださいます。**タモリ**さん、**さんま**さん、**ダウンタウン**さん、**太田光**さん、**タカアンドトシ**さん、**矢部浩之**さん、**後藤輝基**さん、**シェリー**さん、**マツコ・デラックス**さん……とても親切に接してくださいます。**どうしてこんな僕に優しくしてくださるのか、まったくわからない**のですが……とてもありがたいことです。みなさんに**ご迷惑**をおかけしないように、**失礼のないよう**に頑張りたいと思います。

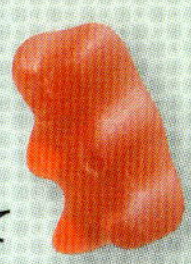

今年は類くんの人気が爆発しました。いま、どんな気持ちですか？

他にも頑張っている方がいっぱいいらっしゃるのに、**どうして僕**なんでしょう……？　大変に**もったいない**ことです。変な気持ちですね。でも**来年には消える**と思います。なので、感想もありません。どうぞ**放っておいてください**。

なんでそんなにネガティブなんですか？

ネガティブではありません！　まあ、ポジティブでもありませんが……。僕としては素直に、思ったとおりに発言しているだけです。正直に言って、大変に**誤解されている**と思います。僕としてはまじめに慎重に一生懸命に生きているだけなのに、自分の**何が面白いのかがまったくわからない**……。僕はとにかく調子に乗ることなく、謙虚に、一つずつ目の前の仕事をしっかりやっていこうと思っているだけなのです。

Q1 自分の長所＆短所は？

長所：ない
短所：集中力が低い

Q2 一番好きな時間は？

一人でいる時
誰にも指図
されない時。

Q3 天敵は？

特にないですが“考える”
と言うのなら
体育会系，チャラ男や口うるさい
ギャルのような方々

じゃ、どうしてネガティブと言われるのでしょう？

世の中とはそういうものなのでしょう。そもそもいつも**まったくの“素”**なので、たとえばテレビに出たときも、どうしてみなさんが笑ってくださるのかがわからないのです。

それまでバラエティ番組を見たことがほとんどなかったので、**空気が読めなくて、キョドっちゃうことも多い**ですし、テレビ的にはとても**変なことを言っている**ことも多いようですね。でも、それが笑いにつながってみなさんに楽しんでいただけるのであれば、それはそれで嬉しいですし、受け止めます。なので、どうぞ**笑ってやってください。どうせ来年には消えます**から。

来年に消えてしまうことの根拠は？

世の中とはそういうものなのです。一気に火がついても、**一気に人気が下がる例がこの世にはたくさん**あります。浮かれていると、痛い目に遭いますし……。そもそも出過ぎると飽きられると思うんですよ。

となると、これからどうしますか？

飽きられることについての対策を考えなくてはいけません。工夫しないといけないなと思っています。「イケメン

ですね」と言われたときの返しも、**「イケメンではないです」だけでは飽きられる**と思うので、相手の方や視聴者の方々に失礼のないように、試行錯誤しています。でも、実はみんな、**僕になんてそんなに期待していない**と思うんですよ。きっと**すぐに飽きられます**。

やっぱりネガティブですね。

だから、違いますってば（声が裏返る）。**冷静に客観的に自分を見ている**だけです！

モデル、演技、バラエティ……それぞれのお仕事の魅力はなんでしょう。

モデルのお仕事は、**与えられた服を着て**それを**どう美しく表現するか**を考えること、自分の**創造力が試される**のが魅力の一つだと思います。**演技**をするときは、そのストーリーの中で与えられた**キャラに同化**すること、**脚本**を読んでその内容を**理解すること**が大事だと思っています。**バラエティ**では、**場を読んでその空気を壊さなかったり、共演者の方々に早い切り返し**ができるようにすることが課題です。

初恋はいつですか？

小学校４年生のときだったと思います。初恋の相手がどのような子だったかを覚えていないんです。どうですか、**最低**でしょう？　フフフ……。

Q4 今、一番心配なことは？

この業界で
生き延びられるか？
過労で倒れない事

Q5 理想の女性像は？

なし

Q6 宝物（捨てられない物）は？

ヴィヴィアン・ウエストウッドの
アクセサリー
（指輪やネックレスなど）

じゃあ、女の子に告白したことは……？

……あります。**「あのー、よかったら、僕と付き合ってくれない？」**と、**４回**ほど。４回とも**当然のようにフラれましたが**、なにか？

何が問題だったのでしょうね？

一度はバラを一本あげて告白したのですが、見事に振られました。あっさり「ごめんね」と。でも、まあ、大丈夫です。こうなることは予測できていたので。**僕みたいに孤独を愛する変人は、一生恋などできない**と思いますし、しなくてもいいんです。**一人で生きていくと決めています**から。

そういう類くんですから、友達は当然、いませんよね？

いますよ！（怒） ひどい誤解と偏見だと思います。**地元の人たちや同世代の友達が僕にもいる**のです。小学校くらいからの仲良しとはずっとつきあいが続いています。でも、中学校くらいから**asshole**が増えたというか、**人柄が悪い人**たちが増えました。仲のいい友達とは仲がいいですけど、そうじゃない人とは**なるべく近寄らない**という方向性です。

芸能界には、まだ新参者ですし……**メアド交換したりもない**ですし、友達はいません。だから**大人の友達は**、いわゆる**お母さんといわれる人だけ**ですね。

２ちゃんねるでは「顔以外すべてお前ら」というスレッドも立てられるほど、早くから人気でしたね。

いや、**最近は叩かれる**ようになっていて。**「最初は仲間だと思ったのに、裏切った」**とか**「全然イケメンじゃないじゃん」**とか。だから僕はずっと**「イケメンではありません」**と言い続けて来ているのですが……。別に**ネガティブだとも思ってません**し……。人生は難しいですね。

類くんの趣味を教えてください。

少し暇があると、**散歩**をしています。**一人の時間がいちばん落ち着く**し、歩くのがとにかく大好きです。お気に入りのコースがいくつかあって、**人気のない住宅街などを何時間**でも歩いています。**自分の部屋の中でもしょっちゅう歩いてます**ね。グルグルと一人で、ずっと。楽しいですよ。

これが大好き！
というものはありますか。

好きなものはたくさんありますが、なによりも**すみっこが大好き**ですね。自分がすみっこにいることも多いし、すみっこに関しては、マニアといえると思います。すみっこにも実は**たくさんの種類**がありますよね。深さとか、何のすみっこかによっても、事情はいろいろと変わってきます……。もちろん、**お勧めの趣味とは言いません**。

言われて一番嬉しい言葉はなんでしょう？

ないです。「キモい」とか「変わってる」と言われるのは、事実なので仕方がありません。**「カッコイイ～」と言われるくらいなら**、まだ**「気持ち悪い～」とののしられるほうがマシ**です。

もしかしてドMですか？

いえ、そんなことはありません。

5年後の自分に言ってあげたいことは？

生きてる？　大丈夫？　１年先のことさえどうなっているか想像もつかないのに、**5年後の自分など、どうなっていることやら……**。

類くんにとって青春とは？

ないです。

いま、17歳。3年後には晴れて成人式です。どうしましょう？

沖縄の成人式のように、**暴れまくる人**が出て**大変なこと**になってしまうことを、**いまから大変に危惧**しています。

カラオケは行きますか？

歌は下手なのです。**僕が歌うと、聞いている人にケンカを売ってるのと**

同じ効果が現れます。怖ろしいことです。でも、時々はカラオケにも行きます。**人生とはそういうもの**なのです。

合コンに誘われることなど、ないのでしょうか？

誘われても行きません。以前、一人でお店に入ったら、僕の後ろで合コンをしていたので、聞き耳を立てながらお茶を飲んでいました。盗み聞きです。悪い趣味ですね（笑）。でも、その**合コンの雰囲気は嫌い**でした。そういう場ではさわやか系だったり、「メンズ・ナックルズ」に出てくるような日焼けした茶髪の男子の方がモテますし。**僕は場の雰囲気を壊す**ので、**行かないほうがいい**だろうと思います。

体力はあるほうですか？

まったくありません。ただの**ヘタレ**です。**階段は 20 段くらいが限界**で、息切れしています。ジムに行っても1時間しかできません。**ゼエゼエ言って倒れます**。

飼ってるペットはいますか？

猫を２匹飼っています。名前は**ドラコ**と**ニャンコ**です。２匹ともとても似ていて、人見知りがすごく激しい。とてもかわいいですよ。でも、僕、**猫アレルギー**で、**猫がだめ**なんですよね……。彼らと一緒にいると、身体がかゆくなったり、くしゃみや熱が出るんです。

Q7 5年前の自分に言ってあげたいことは？

もし未来から
自分が来たら
未来の自分の言う事
を信じよう。

Q8 もし明日地球がなくなるとしたら、何をする？

やってはいけない
事を
たくさん やっちゃう

Q9 座右の銘は？

冷静な人間

夢は見ますか？

実は**夢を見た記憶がほとんどない**のです。最後に夢を見たのは幼いときのことです。とてもぐっすりと眠るので、そのせいなのかも……。でも、ぐっすり眠りはするのですが、長くは眠れません。**おばあちゃんが寝ている僕にしょっちゅう話しかけてきて、すぐに起きてしまう**のです……。

最近は忙しそうですが、ストレス解消法を教えて下さい。

確かに最近はお仕事が忙しくなりました。大変にありがたいことです。お仕事は大好きですし、そもそも僕はいつも**自然体なので、ストレスがたまるということはありません。身体が疲れるだけ**ですね。疲れているときは思いっきり眠りたいのですが、**おばあちゃんがやっぱり起こしに来る**のです……。

これからチャレンジしてみたいことはありますか？

声優のお仕事にも憧れているので、ぜひ挑戦してみたいです。「笑っていいとも！」で三ツ矢雄二さんと共演させていただいているのですが、高い声や低い声、いろんなバリエーションを出せるようにと、アドバイスをいただきました。自宅でひっそり、いろんな声音を練習しています。あと、**もしも僕が司会**をやらせ

Tシャツ LONSDALE／ジーンズ Vivienne Westwood（ヴィヴィアンウエストウッド 東京）／ブーツ DMI Harajuku

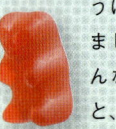

ていただくようなことがあったら、ぜひ**毒舌を吐いてみたい**のです。もちろん有吉さんとは違った方向です。夢ですね。

モデルやテレビの仕事以外にジャンルを広げることは考えていますか？

もちろん勉強は必要ですが、**演技のお仕事は経験してみたい**と思っています。主演ではなく、**脇役として主役を引きたてるような役**。ちょっと**サイコな教師の役**とか、**露出狂の役**などに憧れます。

あとはアーティスティックな表現に、きちんと向き合ってみたいですね。**ミュージック・ヴィデオ**も作れるものなら作ってみたい。いろいろと吸収をして、きちんと勉強をしないといけません。声だけでその世界を表現していく**ナレーションの仕事**もやってみたいのですが、これもやはり、発音や表現、きちんと勉強をしないといけませんね。学ぶべきことがたくさんです。

あれ、全然ネガティブじゃないじゃないですか。

だから**最初からそう言ってるじゃないですか！（怒）**　でも、いいんです。**世の中とはそういうもの**なのです。受け入れます。

Q10 飼っているペットと自画像をお願いします。

ついでに描いてくれた絵
（動機は不明……）

Louis成長アルバム SNAP

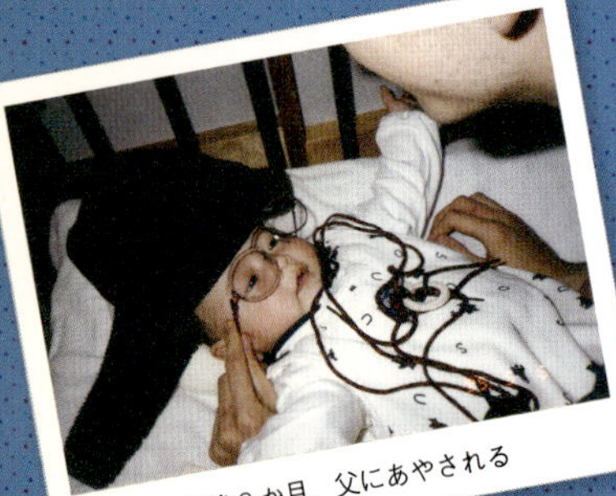

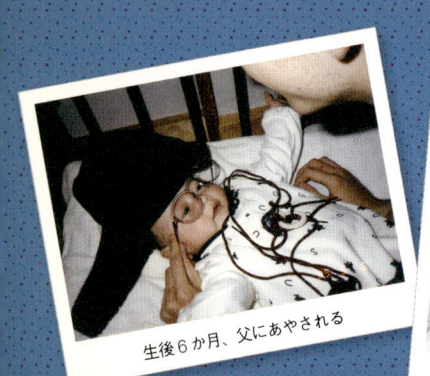

生後6か月、父にあやされる

母に抱かれる類

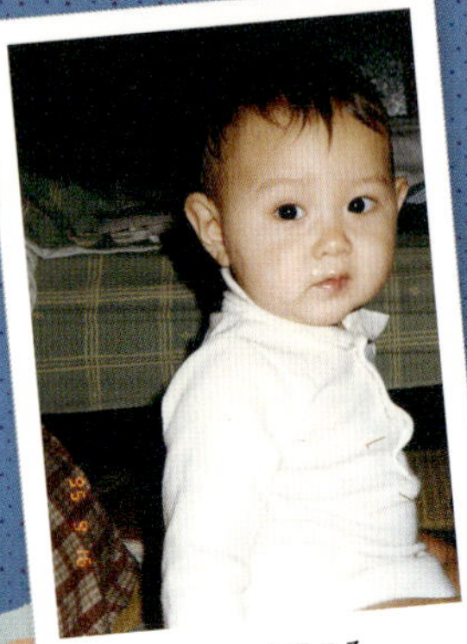

生後10か月ころ

3歳。ベルギーのマンガ博物館

3歳。ロンドンの交通博物館で

チャーチル像のベンチに納まる類

マンガ博物館の巨大ロケット

4歳。アメリカにて

ジョン・スペンサー家を訪問。ドラムで遊ぶ類

10歳。2005年のフジ・ロックで
シガー・ロスとともに(※)

中学入学（12歳）

中学3年、モデルのお仕事中

高校入学式

※近くで遊んでいたLouisをメンバーが見つけて一緒に撮影。
後にこの写真はオフィシャルに使われた。

Q&A extra

今の大人に言いたいことは？
恋とかには縛られず
一人で生きてみませんか？

世間の10代に言いたいことは？
僕ごときが意見を言うのもなんなのですが、いろいろあります。もっとマイナー（古い物）な物に興味を持ちましょう。ポジティブすぎるのはただの●●です。

目標にしている人はいますか？
渡辺謙、伊勢谷友介、井浦新、
クリストファー・ウォーケン

好きなおやつを教えて下さい
ラズベリータルト、アップルパイ

好きなおかずを教えて下さい
すき焼き、酢豚、
ほうれん草とベーコン炒め、
ダック・コンフィット

好きなおでんダネを教えて下さい
大根、じゃがいも、こんにゃく、昆布

お風呂に入ったとき どこから洗う？
頭

ご自身を動物にたとえると……
蛙、カメレオン

NOIR

栗原類、黒く塗れ

Louis as NOIR 類、“黒《ノワール》”を語る

「ノワール」というテーマをいただきました。やはり僕は昼よりも夜、太陽に対して月のようなあり方が好きですね。これからも太陽のような主役を引き立てる、月のような脇役でいられればと思います。そしてこっそり、変なことをぼそっと言うのです……。こっそり役柄を説明します。

シザーハンズ ――『シザーハンズ』(1990)

未完成の人造人間、その悲しみを描いた作品ですね。両手がハサミになってしまった主人公は、個人的にもとても共感できるキャラクターです。その子どもっぽさにも、不器用な行動にも……。ある意味で『フランケンシュタイン』(1931 ほか)のオマージュ作品ですが、どちらにも共感を覚えます。映画では主人公をジョニー・デップが演じていましたが、公私を含めてウィノナ・ライダーとの関係がどう描かれるのかな？と思いつつ見ていました(笑)。

『シザーハンズ - 特別編』[DVD]
監督：ティム・バートン　出演：ジョニー・デップ、ウィノナ・ライダー他
発売：20世紀 フォックス ホーム エンターテイメント

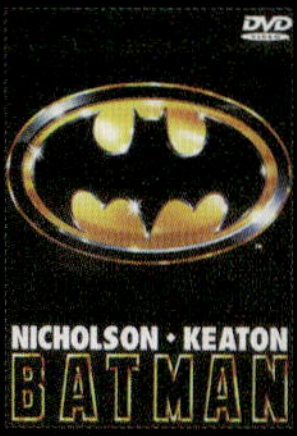

ジョーカー ――『バットマン』シリーズ(1940 ～)

ジャック・ニコルソンをはじめとする沢山の名優たちに演じられてきた、アメリカン・コミック／映画に於ける伝説の悪役です。犯罪も含めて、すべてを遊びとして捉えている。もともと原作ではすごく怖いキャラクターだったのですが、60 年代くらいから、少しずつギャグの要素が入ってきた。面白いけどやっぱり怖い、愛されるべき悪役、興味深いキャラだと思います。ちなみに僕、素で笑うとジョーカーに似ちゃうんですよね……。

『バットマン』[DVD]
監督：ティム・バートン　出演：ジャック・ニコルソン、マイケル・キートン他
発売：ワーナー・ホーム・ビデオ

ウィリー・ウォンカ ――『チャーリーとチョコレート工場』(2005)

ひねくれていて、時代遅れの格好をした、独特のキャラを持つチョコレート工場長です。でも、誰もがこういう部分を胸に秘めているんじゃないかな。子どもっぽくて、口が悪くてウザいんだけど(笑)結果的にはみんなに優しい、というような。大人も子どもも好きになれるキャラクターだと思います。実は今作は映画としては 2 作目で、1971 年に『夢のチョコレート工場』として映画化されているんです。こちらもとてもよかったですね。

『チャーリーとチョコレート工場』[DVD]
監督：ティム・バートン　出演：ジョニー・デップ、フレディー・ハイモア他
発売：ワーナー・ホーム・ビデオ

魔王ジャレス ――『ラビリンス / 魔王の迷宮』(1986)

デヴィッド・ボウイが演じていた役ですね。衣装もメイクも、まさしく芸術的な美しさがありました。ボウイだからこその映画とキャラクターだったのではないかと思いますね。あんな衣装はボウイにしか着られないでしょうし、いきなり歌って踊り出したりするし(笑)。当初あの役はマイケル・ジャクソンが予定されていたそうですが、もしもその予定通りであれば、相当に不思議な映画になっていたのではないでしょうか(笑)。

『ラビリンス 魔王の迷宮』- コレクターズ・エディション [DVD]
監督：ジム・ヘンソン　出演：デヴィッド・ボウイ ジェニファー・コネリー他
販売：ソニー・ピクチャーズエンタテインメント

■P39－41 エドワード・シザーハンズ：ライダースジャケット￥399,000　パンツ￥178,500 ／すべてBALMAIN HOMME(ブルーベル・ジャパン株式会社)　リングス 参考商品／すべてJOJI KOJIMA(JOJI KOJIMA)
■P42－43 魔王ジャレス：ジレ￥97,650　シャツ￥60,900　ニット￥64,050　パンツ￥90,300　胸ポケットの中のネクタイ￥8,400　ブローチ￥31,500　万年筆 ￥46,200 サングラス 参考商品／すべてPRADA(プラダジャパンカスタマーリレーションズ)　モチーフリング(大)￥103,950　モチーフリング(小)￥80,850 ／ともにMade her Think(RESTIR)
■P44－45 ウィリー・ウォンカ：ジャケット￥325,500　タートル￥28,350　ベルト￥53,550 ／すべてBALMAIN HOMME(ブルーベル・ジャパン株式会社)　シャツ￥47,250 ／ KRISVANASSCHE(Pred PR)　パンツ￥49,350 ／ CoSTUME NATIONAL(CN JAPAN)　ハット￥34,755 ／ Cha-Cha's House of Ill Repute(CA4LA)　グローブ￥61,950 ／ VERSACE(ヴェルサーチ ジャパン)
■P46－48 ジョーカー：コート￥596,400　ジャケット￥220,500　トップス￥78,750　グローブ￥44,100 ／すべてVERSACE(ヴェルサーチ ジャパン)　パンツ￥199,500 ／ BALMAIN HOMME(ブルーベル・ジャパン株式会社)
■P50－51：ニット￥126,000　シャツ￥65,100　パンツ￥110,250　シューズ￥123,900 ／すべてBottega Veneta(ボッテガ・ヴェネタ ジャパン)
■P52 - 53：ジャケット￥151,830　シャツ￥36,300　パンツ￥59,535　シューズ￥80,600 ／すべてKRISVANASSCHE(Pred PR)

Making him NOIR

栗原類、"黒く塗れ / NOIR"撮影メイキング風景

「ノワール」をテーマに、4人のダークヒーローたちを演じたLouis。それぞれのキャラクターを演じるべく、メイクやヘアスタイル、そして衣装をつぎつぎと変えていくことになった。徐々に「役柄」へと入っていくLouisの様子と、その中でも時折見せる「素」の表情を、貴重なメイキング写真でレポート！

栗原類の
MY FAVORITE MOVIE 映画編

ここでは僕のお薦め映画を紹介します。僕は映画が大好きで、過去の映画も出来る限り見るようにしています。でも、レンタルはしません。映画はやはり、きちんとお金を払って見ることに意義がある。でも、好きな映画／見たい映画全てを買い揃えるにはお小遣いが足りなくてまだ見られていないものもあります……。人生はうまくいかないですね。それでも好きな映画や素敵な映画はたくさんあるので、お勧めします。ちなみにこれらの意見は僕個人の意見なので、賛成してくれなくても大丈夫です。

『オズの魔法使』（1939）

永遠の名作です。1930 年代の作品ですが、どの世代にも好かれるだろうと思います。田舎で育ってどこか別世界に行きたいと願うドロシーが、カラフルな魔法の国に着いてからは自分の世界へと帰ることを願う……。いろいろな比喩に富んだキャラクターやストーリーそのものも名作ですが、僕自身は映像だけでも楽しめます。あの手描きの背景も素敵ですし、僕は黄金の道の先にあるエメラルド・シティを永遠に忘れられないと思います。

監督：ビクター・フレミング
出演：ジュディ・ガーランド、フランク・モーガン他
発売：ワーナー・ホーム・ビデオ

『夢のチョコレート工場』(1971)

ロール・ダウル原作ですが、原作と比べるとこの映画にはダークさは全然ありません。でもこの映画を見終わるたびに、暖かい気持ちになり、世界には無限のイマジネーションがあると思います。原作と比べない方がいいと思います。

監督: メル・スチュアート/出演: ジーン・ワイルダー、ジャック・アルバートソン他/発売: ワーナー・ホーム・ビデオ

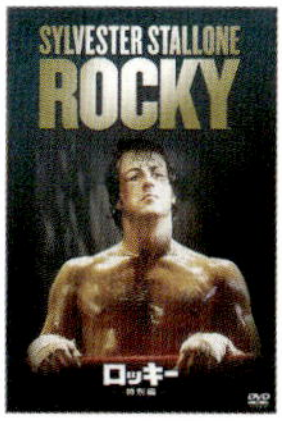

『ロッキー』(1976)

スタローン演じる下級社会に生きるアマチュアボクサー・ロッキーがプロのチャンピオンと戦うという夢のようなお話。彼はちょいワル(?)男だけどすごく心が広い、とても共感できて親近感ある人だと思います。見るたびに何度でも感動します。絶対に見るべき作品。

監督: ジョン・G・アビルドセン/出演: シルベスター・スタローン、タリア・シャイア他/発売: 20世紀フォックス・ホーム・エンターテイメント・ジャパン

『グレムリン』(1984)

化け物が街に危害を与えるが誰も主人公のいうことを信じないという、B級映画によくある内容ですが、ホラーのお約束をギャグにしつつもコメディになっています。悪役たちが魅力的。ファミリー系になると思いきや、混沌に溢れた内容になるというのがすごくいい。

監督: ジョー・ダンテ/出演: ザック・ギャリガン(出演), フィービー・ケイツ他/発売: ワーナー・ホーム・ビデオ

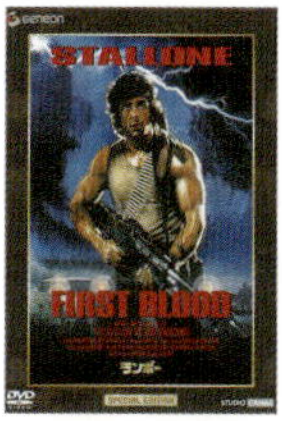

『ランボー』(1982)

今作は主人公が一番重要です。戦地から帰ってきて、友人を失ったランボーが警官との口げんかをきっかけに男一人vs警察との大戦争になる……よくある善人vs悪人の構図でないのも魅力の一つです。最後にアクションヒーローが泣き崩れるシーンが衝撃的で感動的。

監督: テッド・コッチェフ/出演: シルヴェスター・スタローン、リチャード・クレンナ他/発売: ジェネオン エンタテインメント

『アンジェラ』(2005)

リュック・ベッソン、約5年ぶりの脚本、監督作品。現代に敢えてのモノクロ撮影で、美しいパリの撮り方だけでもすごく魅力的。もう、この世界に飲み込まれると思います。フランスに行くのをきっかけに見た作品です。フランスに行きたい方々は是非に。

監督: リュック・ベッソン/出演: ジャメル・ドゥブーズ、リー・ラスムッセン他/発売: 角川エンタテインメント

『バック・トゥ・ザ・フューチャー』(1985)

これも絶対見るべき作品の一つ。コメディ、SF、アクション、青春とあらゆるジャンルが入っています。考えすぎると内容に頭がついていけないと思います。全3作がすごくいろんな方から愛されているんですが、僕は初代がやっぱりダントツ一位だと思います。

監督: ロバート・ゼメキス/出演: マイケル・J・フォックス(出演), クリストファー・ロイド他/発売: ジェネオン・ユニバーサル

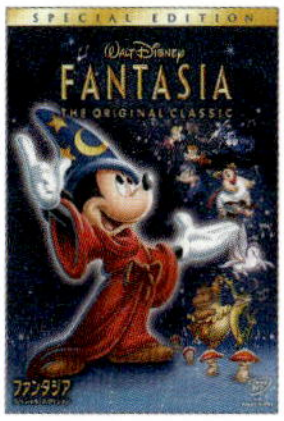

『ファンタジア』(1940)

ディズニー作品中、最も美しさと暗さを持っています。アニメーションとクラシック音楽を合わせて美しい空想世界を作ったのが素晴らしい。特にクライマックスが一番好きですね。この映画は止めずに見ていれば、絶対に好きになると思います。

監督: ベン・シャープスティーン/発売: ウォルト・ディズニー・ジャパン株式会社

『図鑑に載ってない虫』(2007)

この本で対談させて頂いた三木聡監督による、大のお気に入り作品です。シュールな映像、変わったギャグなどに満ちていて、三木監督の数々の作品の中では最もアクチュアルだと思います。ある意味で笑いあり涙ありの作品、すべて(通常とは)違った意味で。

監督: 三木聡/出演: 伊勢谷友介、松尾スズキ、菊地凛子他/発売: ビクター・エンタテインメント

Louisの映画あれこれ

とにかく映画が大好きだし、いろいろと勉強をしなければいけない時期なので、たくさん見ています。好きな映画、見たい映画はもっともっとたくさんあります。その日の気分で変わるのですが……。ちょっとだけランダムに紹介しようと思います。

好きなのは伝説の俳優、ベラ・ルゴシの出ていた作品群。『魔人ドラキュラ』『恐怖城』『フランケンシュタインの復活』が有名ですね。そしてドイツ表現主義の名作『ノスフェラトゥ』も見たいのですが、DVDのお値段が高くて買えていないのです……。人生はなかなか上手くいきません。そしてもちろんデヴィッド・ボウイが主演した『地球に落ちてきた男』『戦場のメリー・クリスマス』もいいですね。『イレイザーヘッド』『未来世紀ブラジル』や『パルプ・フィクション』はもちろん名作だと思います。デヴィッド・クローネンバーグ監督の作品も好きですし、『死霊のはらわた』のようなホラーも嫌いじゃありません。『スヌーピー』や『ネバー・エンディング・ストーリー』も記憶に残ります。『ブルース・ブラザーズ』の映画そのものはもちろんいいのですが、DVDケースがCDと同じサイズで、しかもお値段も¥1,500で、あれっ、サントラCDを買ったのかな?と思わされました……。

栗原類の
MY FAVORITE MUSIC 音楽編

僕のお薦め音楽を紹介します。母親は、イギリスのロックを中心に通訳の仕事をしながら僕を育ててくれました。そのせいで、UKロックには赤ちゃんのころから産湯のように親しんでいるのです。またUKロックは、セックス・ピストルズとヴィヴィアン・ウエストウッドのように、ファッションとも深い関係があるので、カルチャーとしての興味も尽きません。ちなみに母親とは時折ライヴにも一緒に行ったりするのですが、よく彼女は僕の知識の勘違いを指摘しては笑うのです……。もっと知識と経験とを積まなくてはいけません。

マイ・ケミカル・ロマンス『Black Parade』

マイケミならではのハイテンションのメロディや、悲しみ（？）に溢れた歌詞がいっぱいあります。

ニュー・オーダー（&ジョイ・ディヴィジョン）『Total - From Joy Division to New Order』

伝説のバンドですね。今年のサマソニにも来ましたが、疲れて行きませんでした。母には「肝心のものを見逃して、原価償却してない！」と叱られました。

Perfume『△』

新鮮なのに懐かしい曲ばかりで、中田ヤスタカさんの美しい空想世界に入ったようです。オススメは「I Still Love You」や「The Best Thing」。

ベン・クウェラー『Sha Sha』

ベン・クウェラー最初のアルバムです。すごく豪華な曲がいっぱい。「Sha Sha」や「Walk on me」など、はまる曲がいっぱいあります。

デヴィッド・ボウイ『Ziggy Stardust』

ボウイが一般的に認識された作品。最も有名な表題曲、「Starman」「Suffragette City」など、一度聴いたらハマる可能性が高いと思います。

ミューズ『Absolution』

『笑っていいとも！』で“テンションが上がるカラオケソング”として挙げました。僕と違ってめちゃくちゃテンションが上がると思います。

インターポール『Antics』

ヴォーカルの歌声が素晴らしく、脳内再生される曲がいっぱいあります。

アジアン・カンフー・ジェネレーション『ランドマーク』

話題の最新アルバム。アジカンさんこそ、メッセージをどストレートに伝えるロック・バンドです。

ピクシーズ『Surfer Rosa』

映画『ファイト・クラブ』に使われたことで有名なバンドですが、今作はかっこいい曲がたくさんで、素晴らしい歌声とメロディが詰まっています。

デス・キャブ・フォー・キューティー『The Photo Album』

デス・キャブの心地よい歌声とスローなメロディが、美しいハーモニーを作ります。

ザ・ケミカル・ブラザーズ『Surrender』

僕的にクラブでダンスをする時に一番向いているのは多分今作。"Under the Influence" が一番好き。聞いたらノリノリになると思います。

Louisの音楽あれこれ

母親の影響もあって、オアシス、そしてそのリアムのビーディ・アイはもちろん、ザ・スミスも大好きです。ほかにもファット・ボーイ・スリム、ザ・ズートンズ、テイキング・バック・サンデイ、アッシュ、コープランド、ディーヴォ、トラヴィス、ザ・ビースティ・ボーイズ、ゼイ・マイト・ビー・ジャイアンツ、ヴィレッジ・ピープルとか……。日本にも好きなアーティストはたくさんいます。たとえばボニー・ピンクさん、オーシャン・レインさん――この人たちはお友達です――、小沢健二さんやコーネリアスさん、石原有輝香さんとか……。ちなみにカラオケでは、カジヒデキさん、グループ魂さんや“グループ魂に柴咲コウが”さん、デヴィッド・ボウイの作品を歌ったりしています。

栗原類×栗原泉 母子対談——栗原家の教育方針

栗原類のママン、栗原泉さん。音楽業界でもその名を知られる通訳者であるとともに、母親として Louis とともに毎日を過ごす。そして時折 twitter でも息子に厳しいツッコミを見せる、なかなかのキャラクターである。ママンとしての泉さんと Louis が、改めて栗原家の教育方針について語る！

(栗原泉さんのTwitter IDはizumillion)

実は僕、大人の友達はこの人しかいないんです。お母さんと言われる人です。日本語で彼女を呼ぶときは「あなた」です。

息子がかわいくて仕方ないお母さんって、うざったいもんね。私はそういうタイプじゃなかった。なにからなにまで世話を焼くような母親では全くない。

あなたがそういうタイプで、僕は本当にありがたく思っていますね。あれやんなさいこれやんなさいと口うるさく言うようなことはなかったし、門限もなかったし。

そうね、育て方というと、自分が楽しいところだけ一生懸命だったかな。いい音楽を教えるとか。

たしかに小さいときからそういう話ばっかりをしてきたね。

ほぼ唯一の教育方針は、「周りに感謝をする子に育つように」でしたね。たとえば、○○ちゃんすごい～！と、ほめてばかりで育てていると、万能感を持ってそのまま勘違いしたガキに育っちゃうのよ。君がそうなるのは嫌だった。

たしかに僕、全然万能感がないですね……。

何かを達成したときは、君だけがすごいんじゃなくて、周りの人がそれだけバックアップしてくれたからなの。周りに感謝すべきなんだよ。周りに支えられている意識がある子は、逆に自分に自信が持てると思うんですよ。

でも、僕には自信がないんです（笑）。どうしてかな？

どうしてあんたはそうなのよ！（怒） まあ、それは今のところ謎なんだけど。でも、その部分がきっとある種の謙虚さにつながって、ネガティブと言われたりしちゃっているのかな、と思うよ。

でも、自分が謙虚であると認めたら、それは本当の謙虚にならないしねえ。

そうだね。でも一方で、自分に対して本当に卑屈になっていたら、たとえばモデルみたいな仕事はできないでしょう。一般的に見えやすい自信の持ち方はないかもしれないけれど、君は周囲に対する安心感みたいなものはきちんと持っていると思うよ。だから私は、君は君の良さを探していけばいいと思うんだ。

キャラを作ってもしかたないしねえ。そもそもできないし。でも、問題が起きるまでは素のままでいいとも思っています。僕は僕自身ですから。

そうね、身の丈に合った自己肯定さえきちんとできるようになれば、どこでもなんとかやっていけるかなとも思うんだ。それも教育方針になるのかな。課題は、これからこうして生きていけるかどうかですね。

心配ですねえ。

まだ 17 歳なんだから、周囲に感謝しながら、自分を自分で磨いていくしかないんだよ。

はい。ガンバリマス…

BOWIE
類、ボウイを訪ねる

6855

デヴィッド・ボウイと栗原類

デヴィッド・ボウイは1947年生まれのロック・スター。'64年にデビューし、特に'70年代、アルバム『ジギー・スターダスト』や『ロウ』『英雄夢語り』等によって高い評価とスターダムを得る。ポール・スミスSPACEで開かれたこの展覧会は、ボウイを'72年から撮影している写真家・鋤田正義氏（1938～）によるもの。Louisは母の影響で幼い頃からボウイを聴いて育ったとのこと。

栗原類、ボウイを語る

数年前から再びデヴィッド・ボウイを聴き始めました。やはり彼の存在は、僕が好きないろいろなアーティストたちの源流の一つと言っていいと思います。今年は彼の名曲がたくさん詰まったアルバム『ジギー・スターダスト』が再発されたので、もちろん予約して買いました。こうして写真で振り返ると、改めて、ボウイの強烈な個性に憧れるのです。

シャツ、パンツ、スカーフ、ハット、ベルト、ソックス：Paul Smith / ポール・スミス、
シューズ：Paul Smith SHOE / ポール・スミス シュー

類 talks with 三木 聡 監督

テーマ／「笑い」について

栗原 類がいま、最も会いたい相手が、映画監督の三木 聡。
予想外のストーリーと畳みかけるようなギャグの応酬で話題作を連発する監督に、Louisが真正面から人生相談！

三木 聡（みき・さとし）
映画監督／放送作家。1961年生まれ。慶應義塾大学文学部卒業。TV『時効警察』シリーズ、映画『亀は意外と速く泳ぐ』『図鑑に載ってない虫』『転々』『インスタント沼』など、独特のギャグセンスとストーリーとで支持を集める。最新作は亀梨和也主演の『俺俺』（原作・星野智幸、2013年5/25全国公開）。

栗：僕、三木監督の作品が大好きなんです。
三：ありがとうございます。
栗：キャラクターはみな個性的ですし、ストーリーも素敵だし、唐突なギャグも最高だし、とにかく記憶に残るというか、場面の切り替えの面白さが頭から離れないんです。なぜ監督の作品はあんなに面白いのでしょうか？
三：（笑）ありがとうございます。
栗：三木監督に、「笑い」について伺うことができればと思っております。実は僕はネガティヴとよく言われるのですが、自分ではまったくネガティヴだと思っていないんです。僕自身は普通に話しているつもりなのに、周りはネガティヴだと言って笑う。いったい僕はどうすればいいのでしょうか？

三：（笑）意外性は、笑いのとても大きな要素のひとつなんです。僕自身、予想を裏切られるときの面白さが大好きです。見た目と実際の違いとか、ストーリーが全く予想外な方向にいきなり進むときとか。人間は、既成概念を壊されるときに面白さを感じるんですね。
栗：しかし、それを自分自身で意識することは難しい……。
三：そう、自分の意外性を当事者が意識することはできないし、だからこそ面白いとも言える。そもそも、人が「意外」と思うだろうことをやろうとすると、そこには作為が出てきますから。
栗：最近、バラエティ番組によく呼んでいただいていてとてもありがたいのですが、実はそれまでバラエティ番組を見たことがほとんどなかったので、雰囲気をつかむのが難しいのです。それで、笑われる。迷惑をおかけしてはいけないと思って、出演一週間前からその番組を何度もチェックしたりしながら一生懸命がんばっているのですが、それでも、笑われる。もちろん、

すみっこにいるタイプ、地球外生命体みたいな変わった人って、どうなんでしょう？

どんな形であっても結果として楽しんでいただけるのはなによりなのですが、なかなか空気がつかめないのです。

三：いろいろ悩んでいる感じですか？

栗：そうですね……。

三：実は僕は、撮影現場ではほとんどアドリブを使わないんです。俳優さんたちには脚本通りに動き、話してもらって、笑いを表現してもらう。

栗：となると、監督の笑いはすべて計算されているということでしょうか？

三：もちろん撮影現場でいろいろと細かくチェックや調整をしますけれども。俳優さんたちにそれぞれの空気や個性を持ち寄ってもらいつつ、基本的には脚本に沿って進める形ですね。

栗：僕自身は、笑いを狙わずして笑いがうまく表現できるような俳優を目指したいと思っているのですが、アドバイスをいただくことはできますか？　いきなり図々しい質問になってしまって恐縮なのですが。

三：笑いには「鮮度」があると思うんです。これが笑いのキモですね。映画監督にも、ギャグは現場でその鮮度が落ちないうちに撮影したいという人もいます。でも、僕は少し意見が違っていて、何度もやってつまらなくなったところから、その鮮度を再現できるのが、やはり、プ

Tシャツ Pretty Green ／ジーンズ Vivienne Westwood（ヴィヴィアンウエストウッド 東京）／
ブーツ DMI Harajuku ／帽子 Fred Perry（ヒットユニオン株式会社）

まさしく「図鑑に載ってない虫」ですね。いいんじゃないでしょうか?

ロだろうと。

栗：笑いは、狙ってもいいということでしょうか？

三：狙うことも狙わないこともできるのが、本当のプロ、ということかもしれませんね。喜劇性というものは、主観的な面白さと客観的な面白さ、その両方をどう行き来するかということなのかもしれません。

栗：となると、それが監督が役者を選ぶ基準ということになるのでしょうか？

三：そうですね、でも、面白くないように見える人が、ある一定の場にいることで面白いということもありますから。関係性ですよね。僕の最新作の『俺俺』でも、亀梨和也くんが、これまでの出演作とは異なる世界の中で、全く新たなキャラクターを見せてくれたと思っています。

栗：あのー、いつもすみっこにいるタイプというか、クラスの中心にはいない人、地球外生命体みたいな変わった人って、監督にとってはどうなんでしょうか？

三：(笑) それはどなたのことですか？『図鑑に載ってない虫 (2007 年)』はまさしくそういう存在で、面白い存在も、図鑑に載ったり、カテゴライズされてしまうと急に興味が薄れてしまったりしますからね。その方はそのままでいいと思いますよ。

Louis's Tshirts Collection

Vivienne Westwood 編

類くんがテレビ出演時に着用しているTシャツの多くは、彼のスタイリストをつとめるお母様の私物なのです。そのコレクションの一部を披露してもらいました。

Vivienne Westwoodの
SEX Tシャツ

Vivienne Westwoodのサティア Tシャツ

同 ヴィクトリア&アルバートミュージアム エキシビション限定 Tシャツ

同 Vive le Rock Tシャツ

同 World's End Tシャツ

Vivienne Westwood
復刻版バンビTシャツ

Rock Tshirt 編

The Smith "Hat full of Horrow"

Rough Trade レーベル設立30周年記念 Tシャツ

Fat Boy Slim 1998年公式 Tシャツ

Specialsの1st. アルバムジャケット

Murder by Death ツアーTシャツ（2005年頃）

The Stone Roses 1st. アルバム

Alkaline Trio アルバム “Good Mourning” ツアーTシャツ

Joy Division “Unknown Pleasure”

The Smith "Meet is Murder"

栗原類とあそぼう！

Quiz クロスワードパズル
ネガティブ地獄すごろく

栗原類QUIZ
クロスワードパズル

下のヒントを参考に、右のマス目を埋めていこう！
類くん通ならば簡単かも？

ヨコのヒント

① 僕のコーディネートの要といえば? □□□
② 大好きなBeady Eyeのボーカルといえば?　□□□
③ 僕が尊敬するロックの神、デヴィッド・□□□
④「シザーハンズ」といえば、□□□ー・デップ
⑤ 番組で一緒にデートしたこともある女性タレント□□□
⑥ 一人で生きることを□□□□した
⑦ バレンタインデーといえど胸が□□□□ことはない
⑧ 僕の最大の理解者　□□
⑨「ゼルダの冒険」で□□□□□を倒す
⑩ お世話になっている雑誌「□□□・ノンノ」
⑪ 告白して□□□□される

タテのヒント

1 大好きなグミのメーカー　□□□□
2 最初に出たTV番組「□□□デラックス」
3 僕は□□□□ではありません
4 夏フェスといえば、□□□□□
5 浮かれて□□□□に乗ってはいけない
6 僕が前に飼っていた白猫の名前 □□□
7 ドクロTシャツも持ってるバンド、アルカライン□□□
8 むしろ□□□□と呼ばれたい
9 共演もした超ポジティブな女性タレント、□□□奈々さん
10 僕に似ているといわれる芸人、□□□□さん
11 大好きなザ・スミスの2ndアルバム「ミート・イズ・□□□□」

僕も解けない
かも
しれません……

① 1			4	5	6
②	2		④		
③		3	⑤		
		⑥			
⑦ 7	8			⑧ 10	11
	⑨		9		
	⑩				
⑪					

回答してプレゼントを当てよう！

太い□の4文字から成るネガティブワード
□□□□をハガキに書いて帯についている応募券を貼って送って下さい。
抽選で100名様にオリジナルネガティブPOPをお送りします。
(くわしくは帯に)

ネガティブ地

START

なかなか前に進まないすごろく。
あなたは抜け出せますか？
（サイコロは巻末付録ページに）

カレーを食べて熱を出す
STARTに戻る

猫アレルギーの発作が起きる
1回休み

バラエティのテンションに疲れる
1回休み

道に迷って試験に遅刻
3つ戻る

獄 すごろく

GOAL
ジムに行って
足がつる
4つ戻る
トークにオチが
つけられず落ち込む
6つ戻る
グミが喉に
つまる
1回休み
告白するが
フラれる……
STARTに戻る
戻って
くださ〜い

2F 新アトラクション
お化け屋敷
登場
おばけやしき
開運

あっという間に2012年が終わりそうですね。

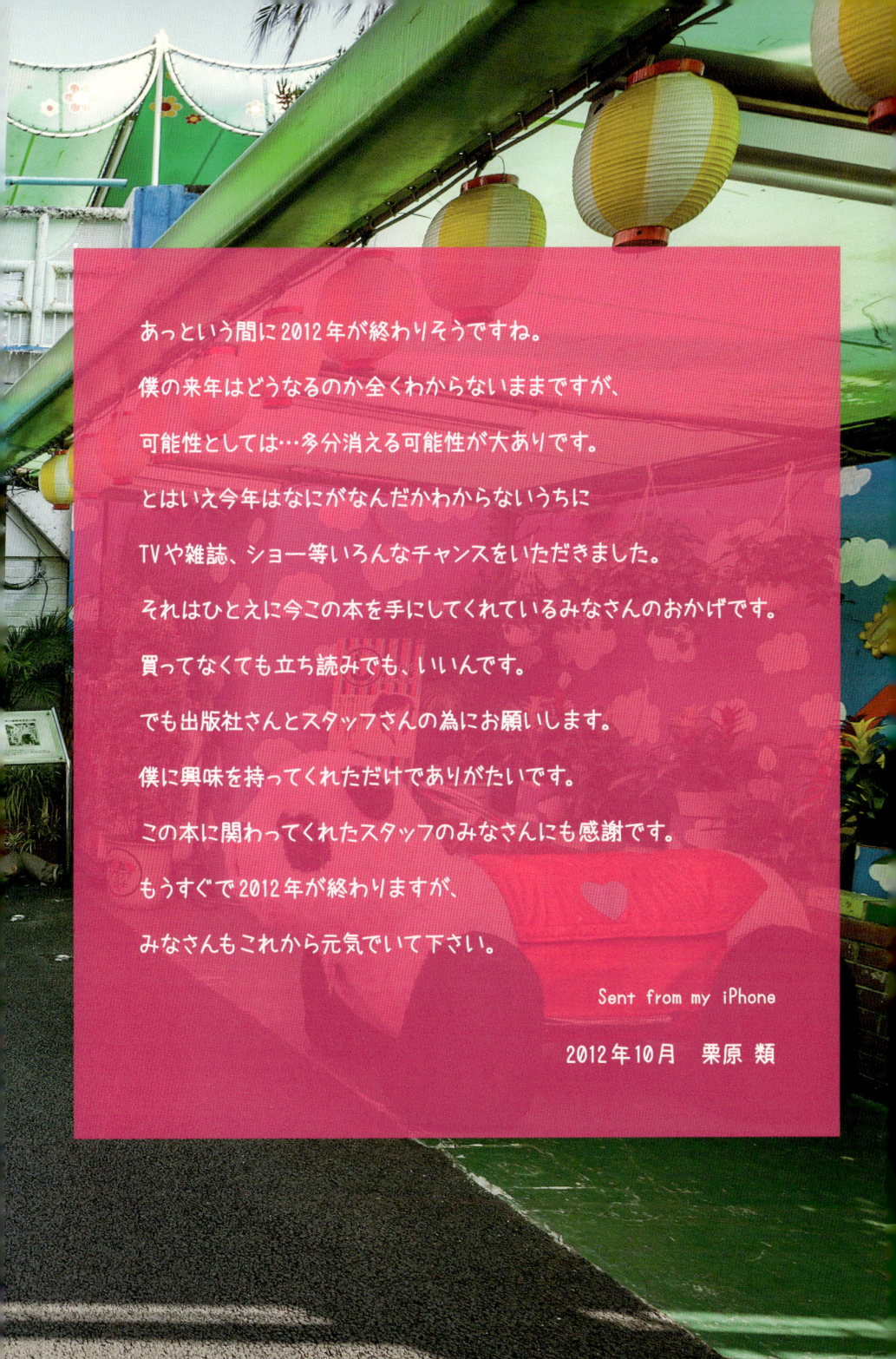

僕の来年はどうなるのか全くわからないままですが、

可能性としては…多分消える可能性が大ありです。

とはいえ今年はなにがなんだかわからないうちに

TVや雑誌、ショー等いろんなチャンスをいただきました。

それはひとえに今この本を手にしてくれているみなさんのおかげです。

買ってなくても立ち読みでも、いいんです。

でも出版社さんとスタッフさんの為にお願いします。

僕に興味を持ってくれただけでありがたいです。

この本に関わってくれたスタッフのみなさんにも感謝です。

もうすぐで2012年が終わりますが、

みなさんもこれから元気でいて下さい。

Sent from my iPhone

2012年10月　栗原 類

SHOP LIST

ANDROGYNE.llc
〒165-0064 東京都江東区青海2-4-32 TIME24ビル 4階 SO-24　TEL 03-6426-0745
http://www.androgyne.jp　WEB-SHOP: http://www.androgyne-shop.com

CA4LA
〒105-0001 東京都渋谷区神宮前1-8-14　TEL 03-5775-3433
http://www.ca4la.com/index.html

クリスチャンルブタン ジャパン
〒102-0074 東京都千代田区九段南2-3-14　TEL 03-5210-3781
http://www.christianlouboutin.com

CN Japan
〒107-0062 東京都港区南青山5-4-30 CoSTUME NATIONAL Aoyama Complex 1F　TEL 03-4335-7772
http://www.cnac.jp/index.php

JOJI KOJIMA　info@jojikojima.com

DMI Harajuku
〒150-0001 東京都渋谷区神宮前4-27-3　TEL 03-3796-2616　http://www.ifnet.or.jp/~dmi.hjk/

ヴィヴィアンウエストウッド 東京
〒151-0051 東京都渋谷区千駄ヶ谷2-7-9 B1F　TEL 03-3401-9507
http://www.viviennewestwood-tokyo.com/

プラダジャパンカスタマーリレーションズ
〒107-0062 東京都港区南青山1-15-14 新乃木坂ビル　TEL 0120-559-941
http://www.prada.com/ja

Pretty Green
〒107-0061 東京都港区北青山3-13-7　TEL 03-5774-5120
http://jp.prettygreen.com

ブルーベル・ジャパン株式会社
〒107-0062 東京都港区南青山2-2-3 南青山M-SQUARE 6階　TEL 03-5413-1050
http://jp.bluebellgroup.com/jp/

Pred PR
〒150-0021 東京都渋谷区恵比寿西2-6-11 3F　TEL 03-5428-6484
http://www.predpr.com/

Fred Perry ヒットユニオン株式会社
〒150-0022 東京都渋谷区恵比寿南2-20-7 ローレルビル　TEL 03-5773-5909
http://www.fredperry.jp/

ボッテガ・ヴェネタ ジャパン
〒104-0061 東京都中央区銀座2-5-14 銀座マロニエビル5F　TEL 03-5524-3680
http://www.bottegaveneta.jp/ja_JP/

RESTIR
〒107-0052 東京都港区赤坂9-7-4 ガリレア1F　TEL 03-5413-3708
http://www.restir.com/

BOOK STAFF

Photograph
落合星文 P2-17 P61-67 P84-85 P87（上）
関根慶明（super sonic）P39-53
山田耕二（扶桑社）

Styling
栗原 泉
倉田 強（AVGVST）P39-55

Hair
今泉亮爾（SIGNO）P39-55

Make-up
AIKO ONO（angle）P39-55
FUJIU JIMI（PRIMAL）P61-67

Writing
熊谷朋哉（SLOGAN）

Design
渡部 伸（SLOGAN）

Edit
大久保かおり（扶桑社）

Special Thanks
立花茉莉枝（JUNES.Inc）
近藤光浩（JUNES.Inc）
Paul Smith Limited
鋤田正義
功野一美
Numéro Tokyo

栗原 類 Louis Kurihara
1994年12月6日、イギリス人の父と日本人の母との間に生まれる。東京都出身。177cm、O型。幼少のころよりモデルの仕事を始め、『MEN'S NON-NO』などのファッション誌を中心に活躍。『笑っていいとも！』（フジテレビ系）水曜レギュラー、『東京エトワール音楽院』（日本テレビ系）レギュラー。JUNES Inc.所属。公式HP http://ameblo.jp/921614359632/

ネガティブですが、なにか？

2012年11月10日　初版第1刷発行

著者―――――栗原 類
発行者―――――久保田榮一
発行所―――――株式会社 扶桑社
　　　　〒105-8070 東京都港区海岸1-15-1
　　　　電話 03-5403-8870（編集）
　　　　　　 03-5403-8859（販売）
　　　　http://www.fusosha.co.jp/
印刷・製本――図書印刷株式会社

定価はカバーに表示してあります。
造本には十分注意しておりますが、落丁・乱丁（本の頁の抜け落ちや順序の間違い）の場合は、小社販売部宛にお送りください。送料は小社負担でお取り替えいたします。
なお、本書のコピー、スキャン、デジタル化等の無断複製は著作権法上での例外を除き禁じられています。本書を代行業者等の第三者に依頼してスキャンやデジタル化することは、たとえ個人や家庭内での利用でも著作権法違反です。

© 2012 Louis Kurihara　Printed in Japan
ISBN 978-4-594-06713-7

しおり de Louis

キリトリ線にそって切りはなして
ブックマークにしよう！

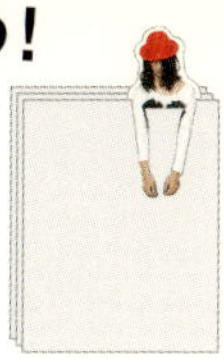

（使用例）

腕の部分のミシン目はカッターを使うときれいに切れます

一人相撲 de Louis

咳をしても一人。紙相撲をしても一人。

すごろく用
サイコロ

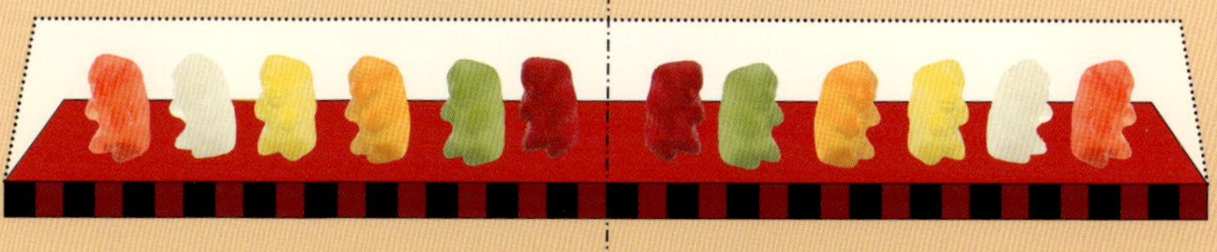

点線にそってハサミで切りはなし、中央を山折りします

栗原類 ネガティブ・シール